© Éditions Decoopman
Ferrières - 30440 Saint-Laurent-le-Minier
Tel : +33 (0) 4.67.73.90.95
web : www.decoopman.com - e.mail : livres@decoopman.com

Olivier Lacaux
Jean Castanier

I.S.B.N. : 978-2-36965-120-8

Dépot légal : 4e trimestre 2021

Ouvrages parus
aux Éditions Decoopman
Collection « *Sciences & Techniques* »

Moteurs Stirling

- *Plus de puissance* - Daniel Lyonnet
- *Fabriquer des moteurs Stirling* - A. Ross
- *Manuel du moteur Stirling pour le modéliste* – D. Lyonnet

Mécanique

- *Appareils d'obturation*
- *Mécanismes des machines* - H. Leblanc
- *Organes de machines*
- *507 Mouvements mécaniques* – H. Brown
- *760 mouvements mécaniques* - G. Vander Haeghen
- *Des mécanismes élémentaires* - L.E. Loche
- *Engrenages & Transmissions* – G. Franche
- *Engrenages et vis sans fin* - R. Champly
- *Les Machines* – E. Collignon
- *Les Moteurs* – H. de Graffigny
- *Les moteurs à vent* - R. Champly
- *Moteurs* - Max de Nansouty
- *Moteurs & Gazogènes* – L. Letombe
- *Notions de technologie mécanique* - P. Beauvais
- *Organes de transmission* - R. Champly
- *Traité élémentaire de mécanique industrielle* - S. Flachat
- *Traité pratique des engrenages* - L. Wève

Vapeur

- *Catéchisme des Chauffeurs* - Collectif
- *Distribution de la vapeur* - M. Castelnau
- *Gouvernails à vapeur Farcot* – J. Farcot
- *Histoire de la machine à vapeur* – R.H. Thurston
- *L'A.B.C. du Chauffeur* – H. Mathieu
- *Les bateaux à vapeur* – L. Figuier
- *Les Locomobiles* – L. Figuier
- *Les machines à vapeur* - J.P. Delaby
- *La machine à vapeur* – E. Sauvage
- *La Vapeur* – A. Guillemin
- *Tiroirs et distributeurs de vapeur* – A. Madamet

Chemins de fer

- *La locomotive* - U. Lamalle & F. Legein
- *La machine locomotive* – E. Sauvage
- *Les chemins de fer* – A. Guillemin
- *Locomotive & Chemin de Fer* – L. Figuier

Marine

- *Les bateaux automobiles à pétrole* - R. Champly
- *Abécédaire des forces sous-marines* - P. Nôtre & J.L. Vichot
- *La Marine de guerre (Le monde industriel)* – L. Huard
- *La Marine de guerre* – A. Sauvaire-Jourdan
- *La navigation sous-marine* – G.L. Pesce
- *Les paquebots à grande vitesse* – M. Dumoulin
- *Les Torpilles* – E. Hennebert
- *Sous-marins & submersibles* - Max Laubeuf
- *L'Artillerie moderne (Le monde industriel)* – L. Huard

Horlogerie

- *L'horlogerie électrique* - A. Tobler
- *Encliquetages* - F. Balavoine
- *Guide manuel de l'horloger* - C. Saunier
- *L'art de connaître les montres* - J. Gondy
- *L'art de l'Horlogerie enseigné en trente leçons* - Anonyme
- *Histoire de l'Horlogerie* - P. Dubois
- *Les merveilles de l'Horlogerie* - Portal & Graffigny

Autres

- *Forges et fonderies* - R. Champly
- *La machine de Gramme* - A. Breguet
- *La bobine Ruhmkorff* - A. Loiseau

Moteurs STIRLING
Comment augmenter la PUISSANCE

Daniel LYONNET

PRÉAMBULE

Amateur passionné des moteurs STIRLING depuis les années 70, j'ai réalisé de nombreux petits moteurs, des moteurs de salon, ceux que l'on montre aux amis pour les épater.

Puis la construction de modèles différents conduisent à l'envie d'en savoir plus sur ces drôles de machines et de mesurer leur énergie et bien sûr, de réaliser des moteurs plus puissants.

Lors de réunions ou d'expositions j'ai rencontré de nombreux amateurs dont beaucoup avaient réalisé quelques modèles à partir de plans d'autres passionnés, mais j'étais de plus en plus questionné par des personnes désirant réaliser des machines plus puissantes.

J'avais remarqué que, passant du moteur ASAP développant un demi watt, l'année suivante les nouveaux moteurs donnaient 1,5 watt et l'année d'après 4,5 watts : j'en conclus que le kilowatt était a ma portée !!! Quel rêve brisé ! La suite se révéla plus difficile.

J'avais déjà commencé à réfléchir à cette question et les premières solutions se présentaient.

Un jour je parlais des moyens d'obtenir plus de puissance avec un "spécialiste STIRLING" grand producteur de moteurs de salon. Ce dernier me dit d'un air très supérieur : c'est simple, il faut faire plus gros !!

Rien de plus stupide et les lois d'homothétie ne sont pas simples car les longueurs, surfaces et volumes n'évoluent pas de la même manière. C'est pourquoi ayant accumulé de l'expérience et construit quelques gros moteurs d'une puissance de 150 watts, je crois utile de mettre sur le papier des réflexions, qui je l'espère, seront utiles à ceux qui ont envie d'augmenter le nombre de watts sortant de leur machine.

Je suis à la disposition des passionnés intéressés par des moteurs plus puissants et suis toujours désireux de nouer des collaborations avec des amateurs avertis. Mes coordonnées si vous souhaitez me joindre :

Daniel Lyonnet
9 rue de la Mairie - 77167 Châtenoy
tel : 0164287905 / 0636770917
mail: danlyonnet@free.fr

Pour quelques dizaines de watts en plus

1 – Bref rappel historique

Dans presque tous les livres traitant des moteurs Stirling, l'auteur commence avec un article sur les inventeurs du moteur à air chaud en circuit fermé : les frères Robert et James Stirling.

C'est oublier Héron d'Alexandrie, qui vécut 1 800 ans plus tôt. Cet inventeur dont l'œuvre, moins diversifiée, fut aussi importante que celle de Léonard de Vinci dans le domaine technique, fut un mathématicien célèbre, réputé pour ses formules mathématiques, dont *le calcul de l'aire d'un triangle à partir de la longueur de ses 3 côtés* ; mais surtout il étudia la vapeur, l'air comprimé et les applications de ces énergies naturelles.

Il aurait conçu et réalisé un système d'ouverture des portes d'un temple basé sur la dilatation et contraction de l'air, ce qui utilisait sa principale caractéristique physique, celle-là même qui sera utilisée plus tard dans les moteurs à air chaud.

Si Robert Stirling et son frère James furent les pères du moteur à air chaud en circuit fermé, Héron d'Alexandrie en fut l'arrière grand-père.

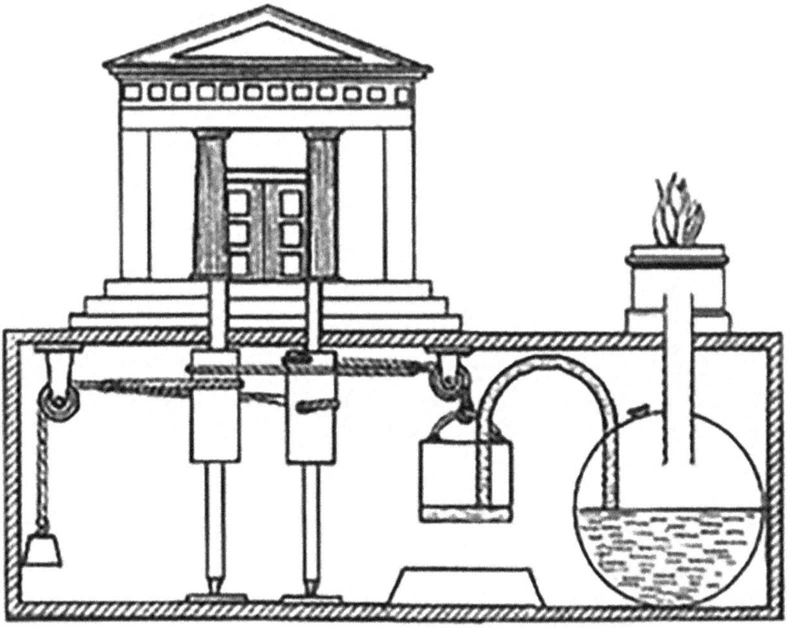

Fig. 2.

Il m'a semblé inutile de développer à nouveau un historique complet. Il existe de nombreux ouvrages qui traitent de ce sujet, dont les versions de mon précédent ouvrage. Faisons un point de cette technique actuellement.

Il y eut de nombreux projets au cours de ces dernières décennies, il se disait même que le moteur Stirling serait le moteur du 21e siècle.

Malheureusement beaucoup de projets tournèrent court. Par contre le moteur Stirling se redéveloppe dans le domaine de la cogénération. Bien que Solo et Sunmachine.De, en Allemagne aient abandonné, de nouveaux constructeurs étudient des projet plus particulièrement avec les pellets comme énergie, aussi bien en Autriche qu'en Allemagne et dans les pays nordiques.

En France, De Dietrich vends une chaudière à gaz développant une production électrique de 800 Watts tout en assurant les chauffage d'une habitation. En particulier, un constructeur Allemand a repris le principe que Franchot, un constructeur Français avait développé au 19e siècle.

Dans un autre domaine des moteurs Stirling permettent de récupérer de l'énergie lors de la gazéification du gaz liquide.

2 – Le but de cet ouvrage

La construction de petits "moteurs de salon" est assez facile car, d'une part, sur internet on trouve aisément plans et tutos et d'autre part le constructeur amateur cherche à réaliser une jolie machine, sans que la notion de puissance entre en ligne de compte : l'important c'est qu'elle tourne assez vite pour épater les copains.

C'est à force de lectures et de constations personnelles que j'appris à concevoir des moteurs d'une certaine puissance.

Afin d'aborder les caractéristiques techniques d'un projet, penchons-nous sur les formules de prédiction de puissance de ces petites machines, puis nous étudierons les principaux paramètres qui participent à la puissance.

Dans cet ouvrage, il ne sera pas question d'embiellages ésotériques qui paraît-il, amélioreraient considérablement l'efficacité de ces machines alors qu'en fait, ils consomment plus d'énergie qu'ils n'en obtiennent.

Un moteur STIRLING est une machine qui transforme de la chaleur en puissance mécanique. Il faut dire haut et fort que dans un moteur STIRLING il faut faire entrer le maximum de calories, les préserver par un bon régénérateur et évacuer le plus efficacement les calories non utilisées ; tout le reste est du ressort de la discussion de bistro

Plus la machine transforme les calories en travail et meilleure sera la puissance.

Si les moteurs modernes développent de 80 à 100 watts par cm³, il faut se rappeler que ces moteurs fonctionnent avec de l'hydrogène ou de l'hélium comme gaz interne, à des pressions de 150 à 200 bars. Au niveau de l'amateur, les résultats sont bien moindres, de très bons Anglais obtiennent 1 watt/cm³ pour des petits moteurs, valeur obtenue par Phillips en 1939 avec son premier petit moteur.

Au niveau débutant il faut escompter, pour des moteurs non pressurisés, de 0,15 à 0,5 watts au cm³. (0,5 pour les très petites cylindrées). Pour envisager des machines plus puissantes, il faut passer par l'étape du "décorticage" des formules empiriques : c'est peu pénible mais il faut en passer par là.

3 – Détermination de la puissance et les formules

3.1 – Formule de Beale

$$W = 0.015 \times P \times F \times V$$

Dans laquelle :

- W = puissance du moteur en watts,
- P = pression moyenne absolue du cycle, dans nos moteurs 1 bar,
- F = vitesse du moteur en hertz c'est à dire t/sec
- V = volume balayé par cycle par le piston en cm^3

Cette formule est intéressante mais a le défaut de ne pas prendre en compte les écarts de température.

3.2 – Formule de West

$$W = Wn \times P \times F \times V \times (Tc-Tf) / (Tc+Tf)$$

Dans laquelle :

- W = puissance du moteur en watts
- P = pression moyenne absolue du cycle, en Mpa
- F = vitesse du moteur en hertz c'est à dire t/sec
- V = volume balayé par le piston en cm
- Wn = Coefficient de West valant de 0.25 à 0.35
- Tc = Température gaz chaud (à l'intérieur du cylindre
- Tf = Température gaz froid (au piston de travail)

En appliquant cette formule, il faut penser que la température Tc est moins élevée dans le moteur que celle apparente de l'extérieur du moteur et inversement la température de la partie de gaz froid est plus élevée que le température extérieure du cylindre ; malheureusement un amateur n'a pas forcément la possibilité pour instrumenter un moteur avec des sondes thermiques.

L'application de la formule, pour un petit moteur tournant à 600 t/mn et fonctionnant entre des sources chaudes de 650° et froide de 60°, pour 1 cm^3 donnerait un résultat une puissance ramenée au cm^3 de :

$$0.25 \text{ ou } 0.35 \times 0.1 \times 10 \times (873-353)/(873+353)$$
$$= 0.117 \text{ à } 0.165 \text{ watts/cm}^3$$

Valeur à rapprocher de celle donnée par la formule de Beale 0.15

watt/cm³ ; on peut très simplement, en première approche, utiliser le ratio de 0.15 à 0.25 watt/cm³ par bar de pression absolue interne.

Ces valeurs de 0.15 à 0.25 Watt/cm³ s'applique pour des machines de petite cylindrée.

Il est à noter que ces formules ne tiennent pas compte de la dimension des machines.

Nous aborderons successivement les points suivants : Organisation générale des différents moteurs Stirling, circuit des gaz, le déphasage, l'écart des températures chaude et froide, la pression absolue moyenne du cycle, la cylindrée et enfin la vitesse, qui est la conséquence des sujets précédents.

4 – Organisation générale des différents moteurs Stirling

Il existe fondamentalement 3 types de moteurs Stirling qui, je le rappelle, sont des moteurs à air chaud en circuit fermé :

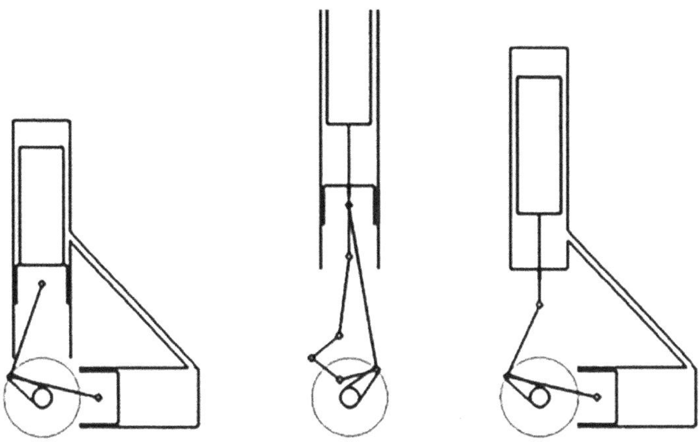

MOTEUR ALPHA MOTEUR BETA MOTEUR GAMMA

- ***Alpha*** constitué d'un piston déplaceur et d'un piston moteur ; il est d'invention plus récente que les modèles suivants.
- ***Beta*** comprenant un déplaceur et un piston moteur dans le même cylindre.
  Le déplaceur est commandé par une tige concentrique traversant le piston. Ce type de moteur est celui décrit dans le "brevet de 1816" de R. Stirling.

- ***Gamma*** qui possède 2 cylindres, l'un comprenant le déplaceur et l'autre le piston moteur.

Ces 3 types de base permettent de construire des moteurs mono ou multi cylindres plus ou moins simplement, pour cela il suffit de juxtaposer plusieurs moteurs unitaires.

Ces 3 types répondent à des caractéristiques physiques différentes mais de ce fait ont des propriétés de fonctionnement différentes.

Au plan des caractéristiques fonctionnelles ce tableau les résume :

	ALPHA	BETA	GAMMA
Vitesse	élevée	bonne	moyenne
Construction	assez difficile	assez facile	facile
Puissance	bonne	très bonne	moyenne

Je n'ai pas inclus dans ce tableau les moteurs FLUIDYNE ni les moteurs à insolation directe car ils ne se prêtent pas à des puissance élevées.

5 – Circulation du gaz

Dans le moteur BETA et GAMMA le gaz circule de la zone froide à la chaude autour du déplaceur qui, de par sa longueur, assure en même temps la fonction de régénérateur ; il s'agit d'une circulation interne.

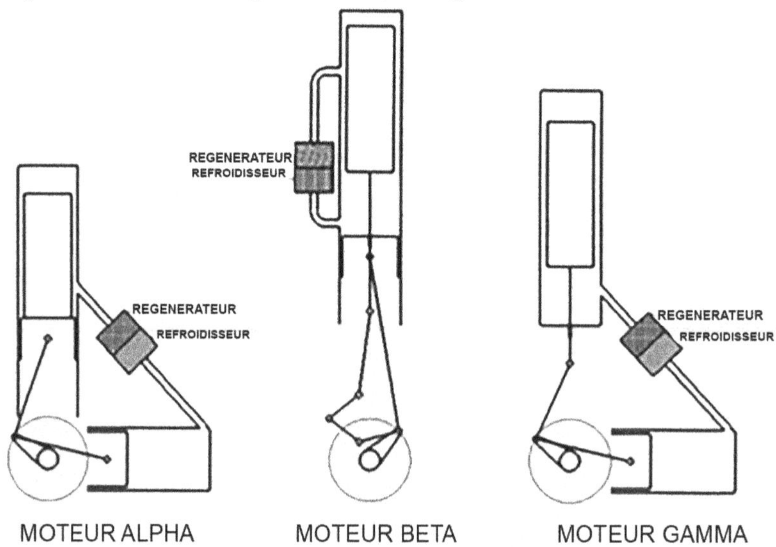

MOTEURS A CIRCULATION EXTERNE DE GAZ

Mais il est possible en installant à la base du déplaceur un joint glissant de faire circuler le gaz par l'extérieur du cylindre régénérateur : alors il s'agit de circulation externe.

Dans le cas des moteurs ALPHA et GAMMA la circulation sera toujours externe.

Dans un circuit externe les gaz passent dans le régénérateur puis dans le refroidisseur.

Bien entendu un moteur BETA à circulation externe de gaz est plus compliqué à réaliser qu'un moteur à circulation interne de gaz, par contre il sera plus performant.

6 – Le déphasage

Pour les petits moteurs de salon, qui sont très souvent de type GAMMA, le décalage angulaire entre les points morts haut du déplaceur et du piston sont toujours de 90°. C'est d'ailleurs ce que je recommandais dans mes ouvrages précédents pour ces petites machines.

Dés que l'on se préoccupe de puissance il est souhaitable de réfléchir a cette caractéristique.

Un déphasage inférieur à 90° augmente le taux lors de la compression et donc permettra une augmentation de pression.

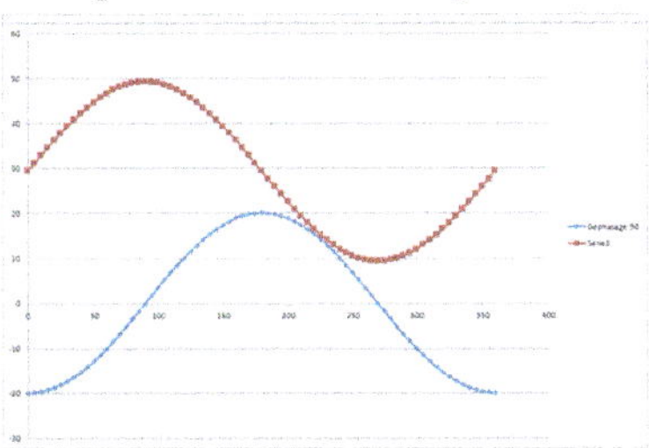

Déphasage 90° taux compress. 2.02

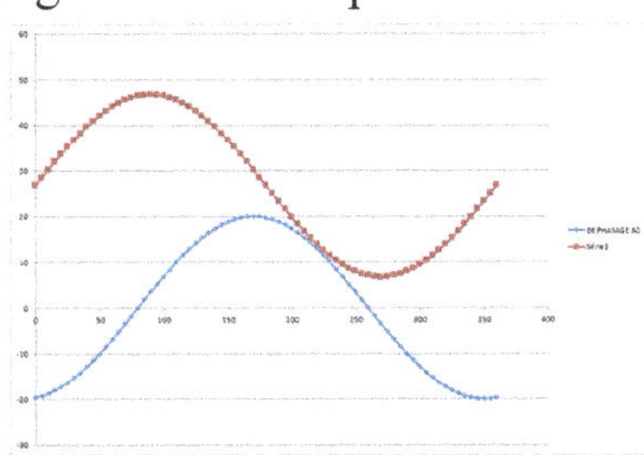

Déphasage 80° taux compress. 2.19

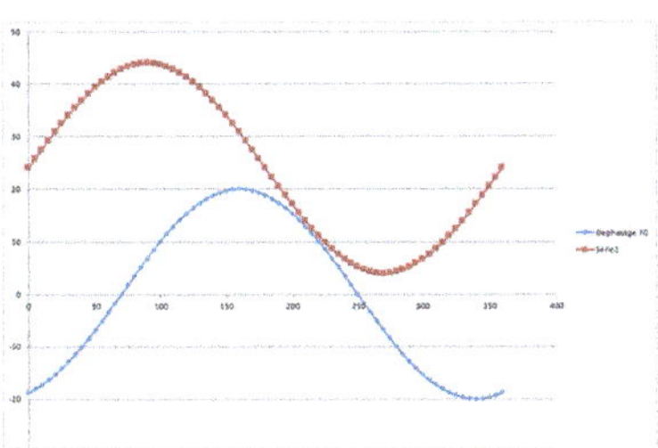

Déphasage 70° taux compress. 2.43

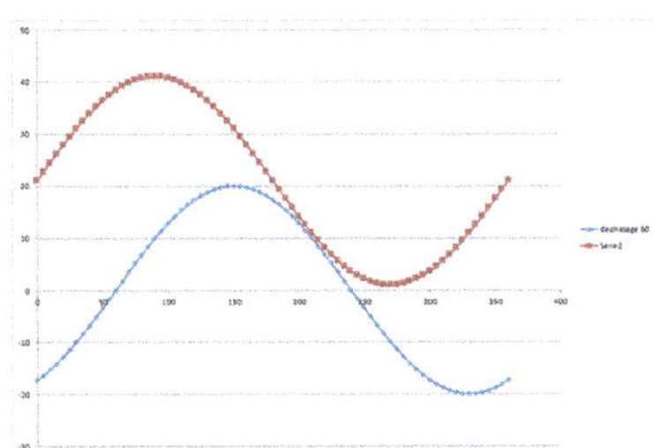

Déphasage 60° taux compress. 2.81

Il serait possible de penser que plus le déphasage est faible, meilleur serait la puissance, toutefois, un calcul de puissance potentielle montre que la puissance possible décroît entre 70 et 60 °.

Il semble que la valeur souhaitable soit de l'ordre de 70° ; pour mémoire le déphasage des moteurs rhombiques de PHILIPS est de l'ordre de 65°.

7 – Écart de températures

Les moyens de chauffage les plus courants pour un modéliste sont l'alcool et le gaz. L'alcool assure une température de 250 à 350°, à moins d'utiliser des systèmes genre lampe à souder à alcool, assez difficiles à réguler.

Les brûleurs à gaz répondent au désir de puissance et sont faciles à réguler.

On peut très facilement atteindre des températures de 700 voire 1000° avec des brûleurs simples, mais il paraît difficile de dépasser pratiquement 650°-700° pour ne pas affaiblir les matériaux ou les brasures qui sont nécessaire pour réaliser les parties chaudes ; les brasures *brox* (brasure laiton) fondent à 850-900°.

Philips avait développé des brasures fondant à plus de 1000°.

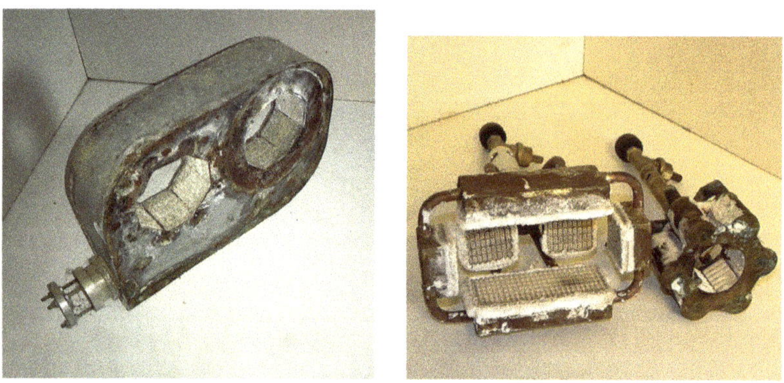

Brûleurs infra-rouge

Il est évident que notre recherche du plus grand écart de température conduit à retenir le gaz, en chauffage par flamme ou avec brûleur infrarouge. Le brûleur infrarouge bien conçu présente une très bonne efficacité mais demande beaucoup de travail pour s'adapter à des volumes non plans.

Les brûleurs infrarouge ont toute leur efficacité si la partie radiante se trouve à 10 à 20 mm de la partie à chauffer.

La conception et réalisation demande beaucoup de soin au niveau du gicleur et venturi. Sur les brûleurs à flamme au niveau gicleur de gaz et venturi, il faut injecter 50 à 65% de l'air nécessaire à la combustion, alors que pour les brûleurs infra rouge, le venturi doit aspirer 100% de l'air nécessaire à la combustion : la flamme doit se faire à la sortie des orifices de la plaque en céramique.

À ce sujet le cylindre de déplaceur dont l'extrémité est chauffée par conduction va transmettre des calories à la partie froide ; il faudrait trouver un métal conduisant bien les calories lorsqu'elles traversent transversalement le métal qui serait "isolant" dans le sens longitudinal.

C'est bien sur illusoire, mais l'inox peut être un bon compromis à condition que la partie chaude soit de faible épaisseur, limitant ainsi la pollution thermique de la source froide par la source chaude.

Ces remarques écartent totalement le cuivre et l'aluminium pour leur conductivité thermique et l'acier et le cuivre pour des raisons de corrosion.

J'ai souvent été étonné par les performances des machines des collègues anglo-saxons jusqu'au jour où, voyant des photos de leurs machines en action, j'ai remarqué sur leurs vidéos que les parties chaudes étaient rouge cerise ; j'étais trop prudent et faisant comme ces collègues, j'ai constaté que mes machines tournaient mieux et développaient une puissance convenable.

En conclusion la température de la source chaude sera d'environ 650 à 700°, c'est-à-dire couleur rouge cerise pour l'acier.

Pour les moteurs les plus évolués il est nécessaire d'augmenter les surfaces d'échange et cela s'obtient par un circuit externe constitué de petits tubes qui seront aussi en inox.

8 – La cylindrée et la pression

Pour obtenir plus de puissance, le premier réflexe est de construire plus gros.

Les lois de l'homothétie ne s'appliquent pas de manières identique sur les différentes caractéristiques : en effet, dans une machine STIRLING, le volume de gaz interne est chauffé par le transfert de calories au travers

d'une surface. Si on double les dimensions, on multiplie les surfaces par 4 et les volumes par 8 ; automatiquement, la température du gaz sera très inférieure dans le gros moteur et l'augmentation de pression sera plus faible.

La puissance résultante sera augmentée partiellement par le rapport de taille mais affaiblie par l'écart de température. Le bilan global n'étant pas dans le rapport des cylindrées.

Il existe une relation entre le ratio d'écart des températures hautes et basses et le ratio des volumes balayés par le piston et le déplaceur dont j'ai fait une étude théorique. Je ne l'ai pas reproduit dans cet ouvrage, mais je suis à la disposition pour l'envoyer à la demande.

Au début de mes premiers essais pour créer un moteur puissant, j'ai construit un moteur bicylindre dont les cylindres avaient un diamètre de 100 mm en m'inspirant d'un moteur similaire dont le diamètre des pistons était de 50 mm, oubliant totalement les conclusions de mon étude théorique.

Le premier résultat a été très décevant. Me souvenant enfin de mon étude, je réduisis la course du piston de 25% et augmentais celle du déplaceur de 25% ; j'avais modifié le ratio des volumes balayés et mon moteur s'est mis à fonctionner correctement.

Dans les formules de prévision de la puissance, la pression indiquée est la pression absolue moyenne du cycle c'est-à-dire 1 bar pour un moteur non pressurisé ; une pression de 1 bar relatif se traduit par 2 bars de pression absolue et donc un doublement de la puissance.

La puissance d'un moteur thermique ou un moteur STIRLING est proportionnelle à la masse de gaz transitant dans le moteur par seconde ; la masse de gaz augmente avec la pression absolue moyenne interne.

Dans les moteurs industriels, la pression est de l'ordre de 150 à 200 bars, ce qui conduit à compliquer la construction qui devient presque impossible pour l'amateur :

- pas de produits gras dans le moteur pour éviter des "effets diesel" à partir d'une pression interne de 10 bars ;
- matériaux de frottement fonctionnant sans produits de graissage.

En pratique, les amateurs devront s'en tenir à des moteurs fonctionnant à une pression inférieure à 10 bars pour éviter tout incident.

9 – Moteurs à circulation interne de gaz

Selon le professeur Walker :

> *Un moteur avec un piston de diamètre 50 mm, fonctionnant à une pression relative inférieure à 5 bars et tournant à moins de 1000 tours/mn garde une régénération annulaire simple. La régénération annulaire correspond à la circulation interne du gaz.*

Ces valeurs semblent définir la taille maximale des moteurs BETA à circulation interne du gaz.

Un moteur "carré" de type BETA de diamètre 50 mm représente une cylindrée d'environ 100 cm³, qui pourra développer entre 18-20 watts sans pressurisation à 80-90 watts avec une pressurisation de 5 bars.

Dans ce cas, pour augmenter la puissance, il y a lieu de définir des caractéristiques telles que suggéré par le professeur Walker et multiplier le nombre de cylindres, indépendamment des autres critères. Il faut alors multiplier le nombre de cylindres en ligne, soit bicylindre ou encore en 4 ou 5 cylindres avec un *swashplate* (plateau oscillant). En utilisant un bicylindre de 2 x 100 cm³, j'ai pu atteindre une puissance de 160 watts avec une pression de 5 bars.

En doublant le nombre de pistons, il serait possible d'atteindre 300 watts : il s'agit là de la limite de ces moteurs à circulation interne de gaz. Pour obtenir plus de puissance il faut réaliser des machines avec circuit externe de gaz.

La suite de ce document s'applique aussi bien aux moteurs BETA, qu'aux moteurs ALPHA, voire GAMMA, machine qui intrinsèquement a moins d'efficacité que les ALPHA et BETA.

10 – Les moteurs à circulation externe de gaz

Le but est bien sûr d'augmenter la surface d'échange thermique.

Dans un moteur de type ALPHA ou BETA, il faut intercaler sur le circuit de gaz entre le cylindre déplaceur et le cylindre moteur un réseau de tubes de petit diamètre pour le chauffage, ce qui augmente la surface d'échange, et un régénérateur pour préserver les calories.

Dans un moteur de type BETA, il est nécessaire de mettre en partie basse du déplaceur une étanchéité glissante afin d'obliger les gaz à sortir par le réseau de tubes identiques à ceux d'un moteur ALPHA.

Définition du réseau de tubes : le diamètre

Considérons un ensemble de N tubes de longueur L et de diamètre D, assurant une section de passage du flux de gaz S.

Le nombre de tubes N sera S / (π x D x D/4)

La surface d'échange sera L x π x D x S /(π x D x D/4) soit

L x S / (π x D)

Le ratio surface d'échange / Section de passage sera égal à :

L x S /((π x D) x S) soit L/(π x D)

Bien sûr, plus les tubes seront longs et meilleur sera l'échange thermique, mais surtout l'échange sera plus important si le diamètre des tubes est plus faible.

La contrepartie de l'augmentation de la longueur des tubes sera une augmentation des volumes morts qui, nous le savons, réduira l'efficacité du moteur. J'ai noté lors de réalisations précédentes que la compensation de cette augmentation de volume morts coûtait 1 bar de pressurisation.

Le calcul de la transmission de chaleur n'est pas simple surtout en domaine transitoire

Après bien des recherches j'ai pu acquérir d'occasion un livre de William H. ADAMS de 1949 édité par Dunod : *Transmission de chaleur*. Ce livre qui traite des échanges de chaleur en régime permanent n'est pas directement applicable mais est une aide pour percevoir les problèmes complexes de transmission de chaleur.

Un calcul théorique basé sur cet ouvrage est long sans que l'on puisse être sûr que les formules prévues pour un régime constant soient parfaites pour des régimes transitoires.

Une solution plus rapide et peut être tout aussi efficace consiste à calculer les surfaces chauffées dans une machine équivalente à circulation interne de gaz et multiplier cette valeur par 2 à 4 fois tout en choisissant un diamètre interne de tube faible : 5, 4 voire 3 mm.

Il est important d'opter une disposition de tubes facilitant la chauffe.

Lors de la conception de Rhombic 160, nous avions opté pour un réseau de tubes sous forme d'arceaux dont la fabrication était plus simple. À notre grand regret, nous avons eu beaucoup de mal à chauffer de manière homogène les tubes : la partie verticale extérieure chauffait bien mais la partie verticale intérieure ne chauffait pas suffisamment.

Formule initiale Rhombic 160.

Dans un livre traitant des moteurs Stirling de Philips (*The Philips Stirling Engine de C. M. Hargreaves*) j'ai trouvé la solution : les éléments de tubes sont positionnés de telle manière qu'ils forment un cylindre plus facile a chauffer.

Formule Philips.

Cette formule est à adopter pour toutes les machines à circuit extérieur ; dans cette disposition il sera plus aisé de chauffer les tubes par des brûleurs infra rouge avec au centre un déflecteur renvoyant une grande partie de la chaleur.

Formule envisagée.

Formule retenue et mise en place.

11 – La régénération

Le régénérateur est installé sur le circuit à la sortie du réseau de tubes de chauffage et avant le refroidisseur.

Son rôle est de refroidir l'air chaud en retenant les calories lorsque le gaz chaud sera expulsé par le cylindre déplaceur et de réchauffer le gaz lorsque le gaz sera renvoyé par le piston. C'est en gros une éponge à calories quand le gaz va vers le piston de travail et un préchauffeur dans le déplacement inverse du gaz. Il permet d'éviter que les calories retirées du circuit soient expulsées par le refroidisseur. Ce régénérateur s'il est efficace permet de multiplier le rendement de la machine par 3 à 4. C'est un organe

Régénérateur.

difficile à calculer. Il peut contenir de très petites billes d'acier inoxydable ou de la paille de fer inox tassée ; son volume vide est de l'ordre de 15 à 30 % du volume balayé par le piston ; il est rempli à 70 à 85% de matériaux qui retiendront les calories.

12 – Le refroidissement

Pour une machine de 200 W de puissance utile avec un rendement de 10 %, il sera nécessaire de faire entrer 2000 W et d'évacuer 1800 W ; le refroidisseur nécessitera les mêmes soins que la partie chaude.

Le plus simple est de considérer la même surface de refroidissement que celle prévue pour le chauffage.

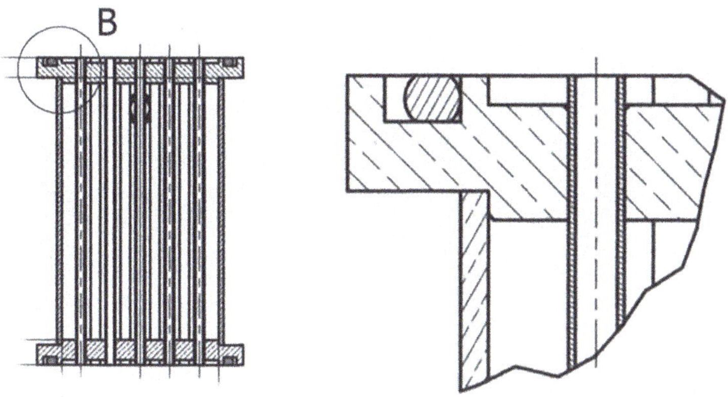

Le refroidisseur peut être en laiton, les petits tubes sont soudés à l'étain.

Bien entendu sur un tel moteur refroidi à l'eau il est indispensable de créer un circuit d'eau comprenant une pompe et un radiateur extérieur.

Sur mes petits moteurs j'utilise un petit ensemble compact incluant la pompe de circulation, le réservoir le ventilateur et le radiateur ; cette formule peut se décliner pour des machines plus importantes.

Petit ensemble refroidissement pour petits moteurs

Dispositif de refroidissement d'atelier.

Ce dispositif d'atelier est utilisable pour une période d'essais; bien sûr, en version définitive, la pompe et le radiateur devront être intégrés à la machine.

13 – La pressurisation

Dans un premier temps, pendant les phases d'essai, les moteurs pressurisés le seront avec un compresseur externe. Malgré le soin apporté à la construction il existe des fuites minimes ; il doit donc être équipé d'un mini compresseur intégré. Cela permettra aussi à ce moteur de s'auto pressuriser,

Quelle capacité à donner a ce compresseur : compte tenu de mon expérience, une cylindrée du compresseur de 1 à 2 % de celle du piston est convenable.

Le plus important dans un petit compresseur sont les clapets ; ci-dessous un croquis d'un modèle réversible qui peut se monter en aspiration ou refoulement.

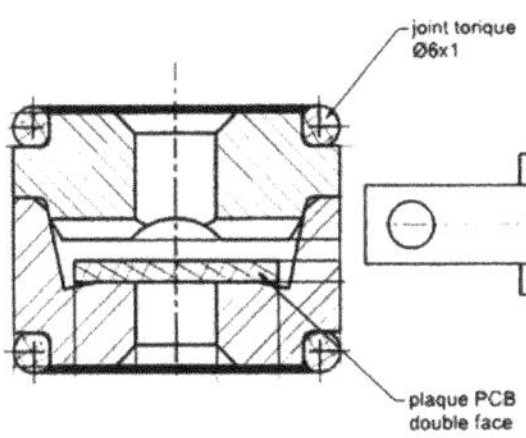

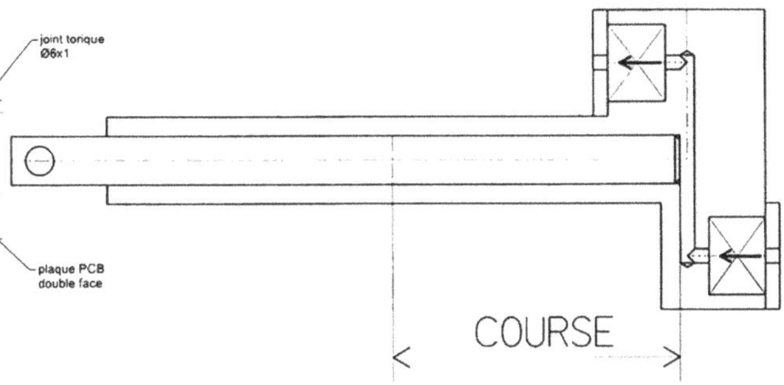

Clapet réversible *Pompe de pressurisation*

14 – L'étanchéité

Dans certaines applications, un groupe électrogène par exemple, il serait possible d'enfermer un moteur Stirling avec son générateur dans une enceinte scellée à l'instar des groupes frigorigènes des réfrigérateurs. Mais cela ne peut pas s'appliquer à un grand nombre de cas. La fuite la plus courante est à la sortie de l'arbre du moteur.

Il est possible d'utiliser des joints Spi à double lèvres, en prenant soin de bourrer de graisse l'espace entre les 2 lèvres ; la raison est d'une part d'améliorer l'étanchéité mais surtout de lubrifier et d'aider au refroidissement des lèvres du joint qui s'échauffent par le frottement sur l'arbre. La solution la plus simple consiste à utiliser le type de joints installés sur les compresseurs de climatisation de voiture qui s'appellent joints mécaniques. Il est souhaitable de prévoir coté sortie de l'arbre d'un compartiment graisse dont le rôle est d'aider au refroidissement du joint. Ce type de joint ne consomme peu d'énergie et est très fiable

Garniture métallique.

Joint spi double lèvre.

15 – Dispositions constructives

Ne détaillons pas tous les modèles possibles d'embiellage car certains, censés augmenter la puissance, se révèlent dépenser plus d'énergie qu'ils permettent d'en gagner !!! Donc pas de systèmes hypo ou épicycliques et consorts ; pour les moteurs ALPHA et GAMMA la disposition des cylindres modifiera leur construction.

Le plus simple est de disposer le cylindre déplaceur et le cylindre moteur à un angle de 70° à 90°, ce qui correspond au déphasage déplaceur/piston. Dans ce cas un vilebrequin à un seul maneton permettra la synchronisation déplaceur/piston.

Il existe une variante permettant la disposition des cylindres en parallèle : il s'agit du ROSS'yoke, du nom de son inventeur.

15.1 – Embiellage ROSS YOKE

Un curieux petit triangle permet d'obtenir à partir d'un vilebrequin à un seul maneton les deux mouvements sinusoïdaux nécessaires au piston et au déplaceur, dans une disposition parallèle.

Il s'agit d'un triangle dont la pointe est articulée sur le maneton du vilebrequin.

Son point milieu de la base suit une trajectoire quasi longitudinale. Il est possible de monter l'axe du triangle sur une glissière, disposition mise en œuvre dans de nombreux modèles. Les deux autres sommets du triangle sont animés de deux mouvements presque sinusoïdaux déphasés de 90°, à condition de respecter certaines proportions entre les côtes.

Il est possible d'ajuster les côtes afin de modifier le déphasage jusqu'à 60°.

Pour la petite histoire cet embiellage a été breveté par M. Ross aux USA dans les années 70 ; quelle ne fut pas ma surprise de voir un modèle de machine à vapeur française de 1850 possédant déjà ce fameux triangle.

Mr Ross, à qui on reprochait cette « copie », a déclaré que son brevet couvrait l'application aux moteurs Stirling, ce qui n'était pas le cas des brevets précédents.

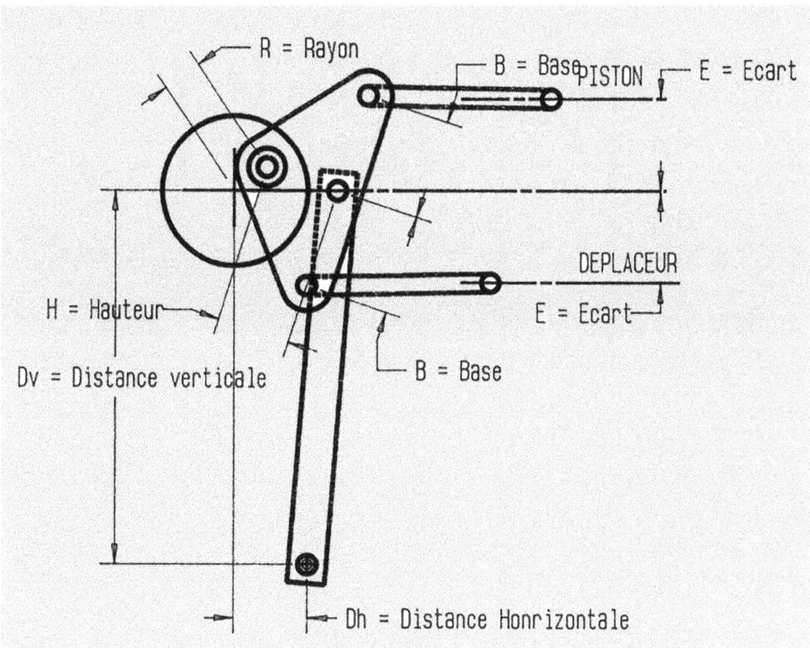

Embiellage Ross.

Côtes à respecter en % de R

R	=	7.5	mm	= 100 %
H	=	25	mm	= 333 %
B	=	20	mm	= 266 %
L bielle	=	40	mm	= 533 %
XI ou Dh	=	25	mm	= 333 %
YI ou Dv	=	-39.65	mm	= 528 %
E	=	19.5	mm	= 260 %
C Pist	=	19.35	mm	= 258 %
C Depl	=	19.38	mm	= 259 %

15.2 Embiellage rhombic de Philips

Ce type d'embiellage, inventé par un ingénieur de Philips, Mr Meijer, est un système très compact et très équilibré dans le sens latéral, dédié aux moteurs de type Bêta.

Pour obtenir un bon synchronisme il est essentiel d'adapter la taille des éléments à son projet, mais surtout de respecter exactement les proportions des éléments suivants : longueur de bielle, rayon du maneton et excentricité.

Il est impératif de maintenir les mêmes rapports, compte tenu des courses à obtenir.

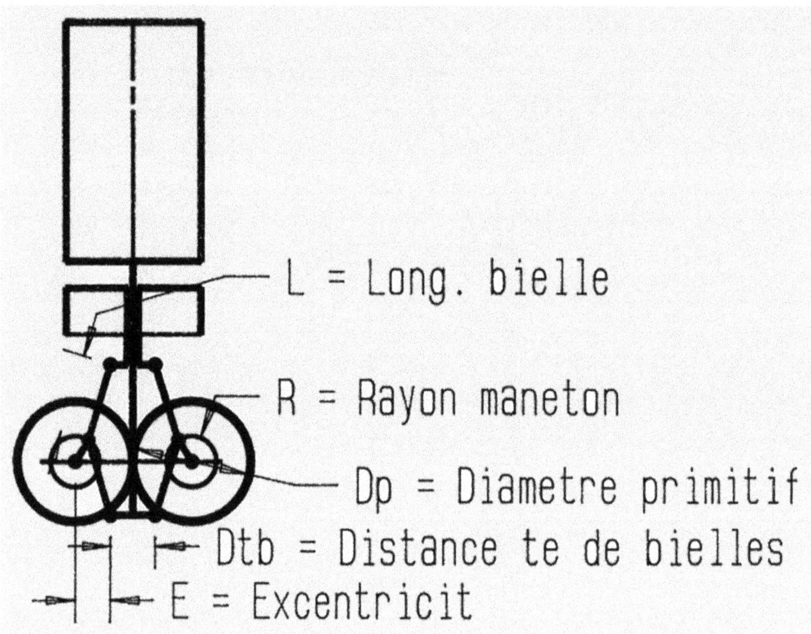

Les côtes du moteur Philips sont les suivantes :

Exprimé % de R

R	=	14	mm	1	R
L	=	46	mm	3.286	R
E	=	20.65	mm	1.475	R
Course	=	31.9	mm	2.278	R

Dtb = Dp -2 x E. La côte Dtb est fonction du diamètre primitif des pignons utilisés. Il est à noter que ces côtes donnent un déphasage d'environ 65°.

Un tel système demande une grande précision, les longueurs de bielles doivent être scrupuleusement identiques (elles doivent être usinées ensemble), les rayons de manetons strictement identiques et le cylindre doit être rigoureusement perpendiculaire à la droite reliant les axes des vilebrequins.

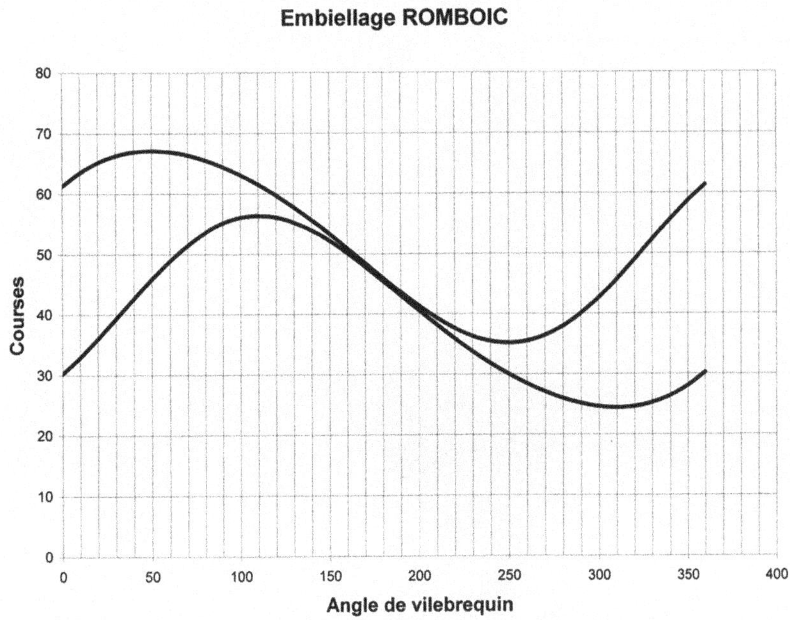

Lors d'une exposition au lac Itaska aux USA j'ai vu un moteur Stirling BETA fonctionnant avec une sorte de demi embiellage rhombic, ce moteur avait été produit à la fin du 19e siècle.

Il se peut que les ingénieurs de PHILIPS se soient inspirés de cette réalisation.

15.3 Autre embiellage de PHILIPS pour le moteur BETA

C'est un système qui, avec un vilebrequin à un seul maneton, assure le mouvement déphasé du déplaceur et du piston ; ce système fût utilisé sur le moteur 10 de Philips.

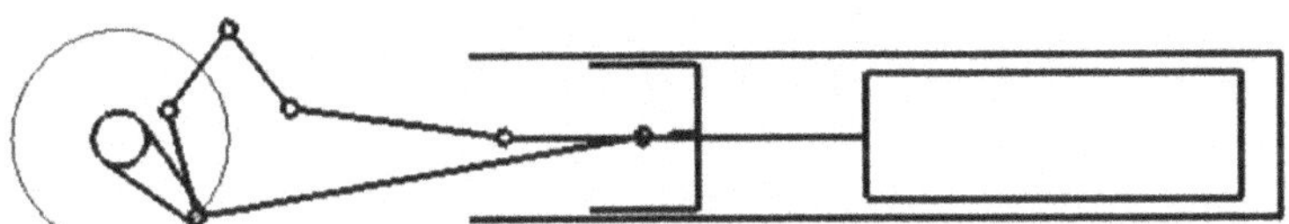

EMBIELLAGE PHILIPS POUR MOTEUR BETA

15.4 Les embiellages swashplate et dérivés

J'ai toujours admiré les systèmes qui permettent, à partir d'un mouvement de rotation, d'obtenir un mouvement linéaire sinusoïdal autres, bien sûr, que le classique système bielle manivelle.

Un jour j'avais pensé faire un moteur Stirling pour un bateau dont l'arbre de sortie serait dans l'axe des cylindres piston et déplaceur ; m'inspirant d'un système vu dans ma jeunesse sur une machine agricole, je créais le moteur ZENLIGNE, qu'un de mes amis baptisa "pince doigts" pour s'être fait prendre par les leviers.

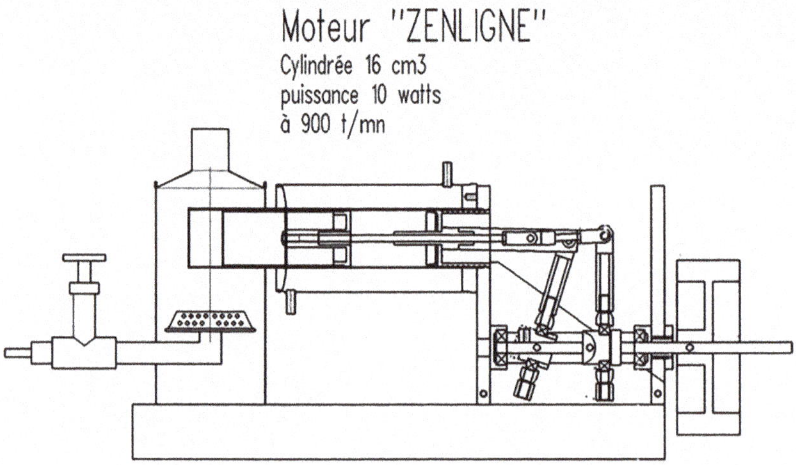

Cette machine qui fonctionnait bien mais vibrait longitudinalement, m'ouvrit des horizons ; en regardant le dispositif j'ai pensé qu'il était facile avec le même embiellage et en rallongeant les leviers de faire un moteur bicylindre.

Petit bi 2 x 25 cm^3

Lors de la mise en route du premier bicylindre j'ai eu l'agréable surprise de le voir peu vibrer : en effet, les pistons et déplaceurs étaient en opposition de phase 2 à 2.

Un simple mouvement de nutation qui restait n'étant pas gênant.

J'ai ensuite décliné ce système sur différents moteurs 2 x 25 cm^3 puis 2 x 98 cm^3

Moyen bi 2 x 98 cm^3.

Ces dispositifs permettent en version plateau oscillant de faire des moteurs à 4 ou 5 cylindres, formule séduisante pour les moteurs ALPHA, un 5 cylindre aura, par construction, un déphasage de 72°, valeur favorable. Les couronnes dentées, une fixe l'autre liée au plateau oscillant ont pour but de ne pas laisser le plateau tourner sur

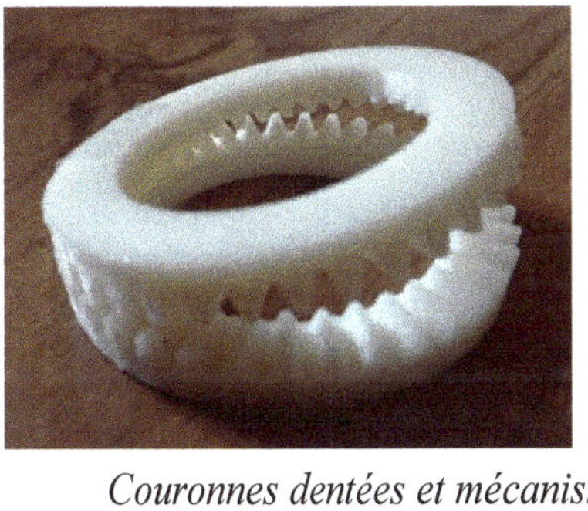

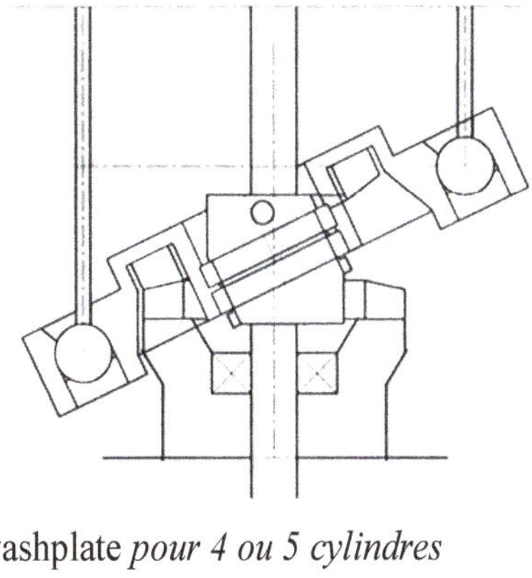

Couronnes dentées et mécanisme swashplate *pour 4 ou 5 cylindres*

lui-même. La pressurisation et l'augmentation de puissance nécessite des précautions dans la conception des composants, ci-dessous reprenons quelques points de conception dans le but d'améliorer l'efficacité des moteurs.

Le cylindre déplaceur et le déplaceur

Dans le cas d'un circuit interne, il est souhaitable de faciliter la circulation du gaz autour du déplaceur et surtout à sa partie supérieure. Une forme arrondie ou conique sera plus favorable. Par contre pour les circuits externes une forme plate sera possible.

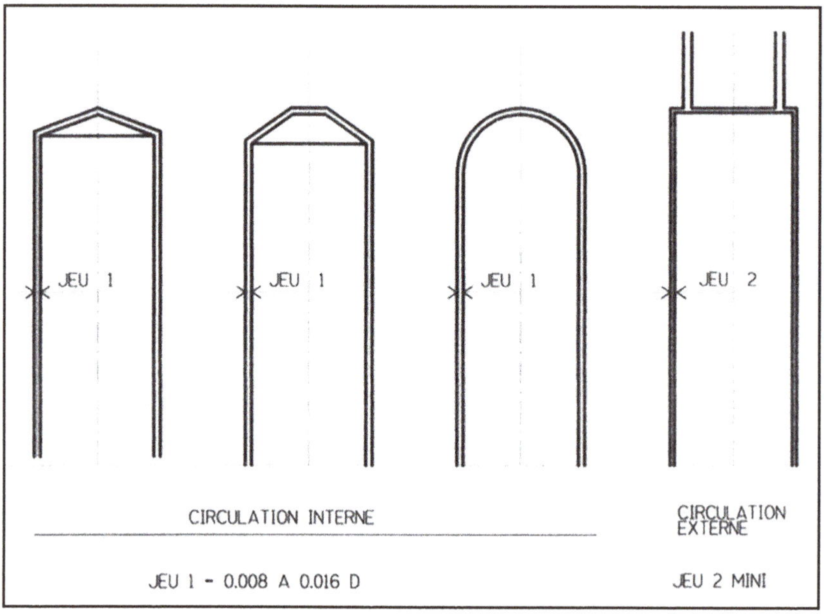

Étanchéité piston et déplaceur pour circuit externe

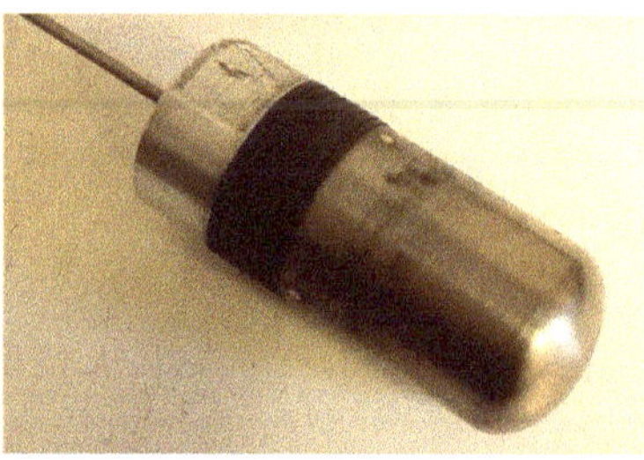

Déplaceur avec étanchéité graphite.

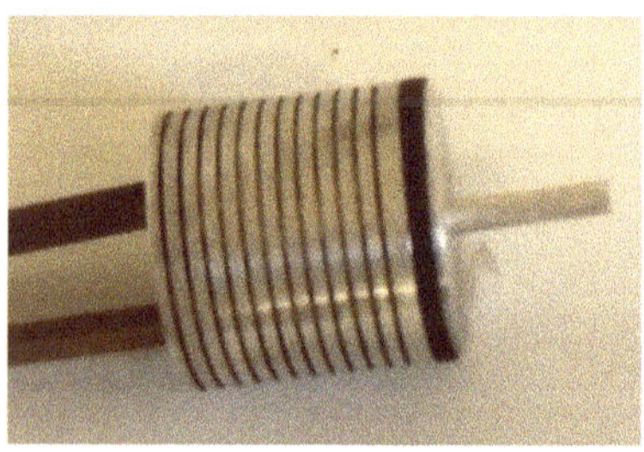

Piston avec rainures de décompression.

Le volant d'inertie

Choisir un volant d'inertie n'est pas simple

Un volant est nécessaire car un moteur Stirling monocylindre donne de l'énergie pendant un petit demi tour de volant, le reste du tour est résistant.

Il n'y a pas de recette simple pour le déterminer : trop inertiel le moteur mettra du temps à prendre de la vitesse, peu inertiel le mouvement sera saccadé, voire ne permettra pas au moteur de maintenir sa vitesse.

Il faut commencer par un volant très inertiel, puis diminuer progressivement. Ce n'est pas facile car un modéliste ne possède pas des tas de volants dont l'inertie est différente.

Il faut se rappeler que la formule du moment d'inertie d'un volant est de type *Somme* $(M \times D^2)$ dans laquelle :

M est la masse de la partie considérée

D la distance moyenne de cette masse par rapport au centre.

Ce qui explique que la plus grande partie de la masse doit se situer en périphérie du volant.

Il existe dans le commerce, dans des magasins de modèles réduits des volants moulés destinés à des petites machines à vapeur.

On peut aussi le réaliser en retenant qu'au niveau de l'inertie, les masses utiles sont situées à l'extérieur du volant, cela veut dire un bandage épais sur un voile léger.

Je réalise souvent mes volants par un ensemble composé d'un moyeu et un voile en aluminium, et bandage en bois, lesté d'un bandage en plomb.

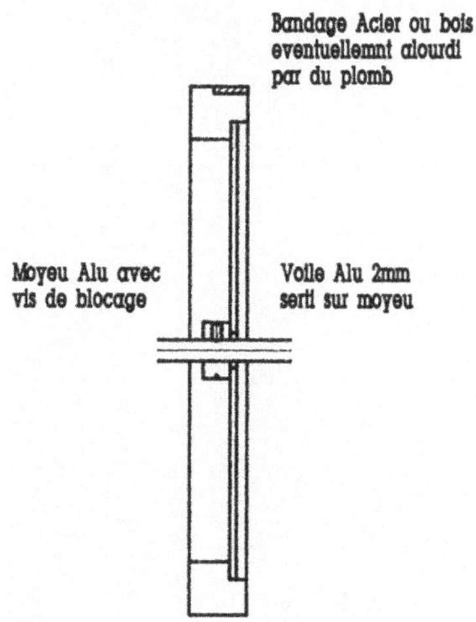

Volant composite.

L'intérêt de cette formule étant de pouvoir aisément adapter l'inertie du volant.

Celle ci peut se calculer à l'avance :

- Estimation du $M R^2$ du volant en appliquant la formule suivante :

$$M Rg^2 = 22\,000 \times K \times P / N^3$$

Dans laquelle :

$M Rg^2$ est l'inertie du volant exprimée en Kgm^2

P la puissance en watts estimée

K un coefficient expérimental tiré de documents techniques

Pour un mono cylindre K varie	de 5 à 25
Pour un bi-cylindre	de 4 à 16
Pour un 4 cylindres	de 1 à 3

N vitesse en t/mn

- Calcul de MRg^2 : dans le cas des volants à voile mince comme représenté ci-dessous à gauche, ont peut se contenter de calculer la jante extérieure de la manière suivante surtout si la jante est peu épaisse par rapport à sa largeur.

M masse en kilo du matériau

Rg^2 Rayon de giration au carré = $(Rext^2+Rint^2) / 2$

Rext et Rint sont les rayons extérieurs ou intérieurs exprimés en mètres

Bien entendu il faudra tenir compte des contraintes imposées comme par exemple : un poids maximum, un encombrement maximum une longueur maximum, les autres variables pouvant évoluer.

Différents volants.

Mesurer la puissance de son moteur

La solution la plus simple consiste à réaliser un frein, c'est-à-dire un tambour fixé sur l'arbre de sortie du moteur ; ce tambour est pincé par une mâchoire dont la pression est ajustable

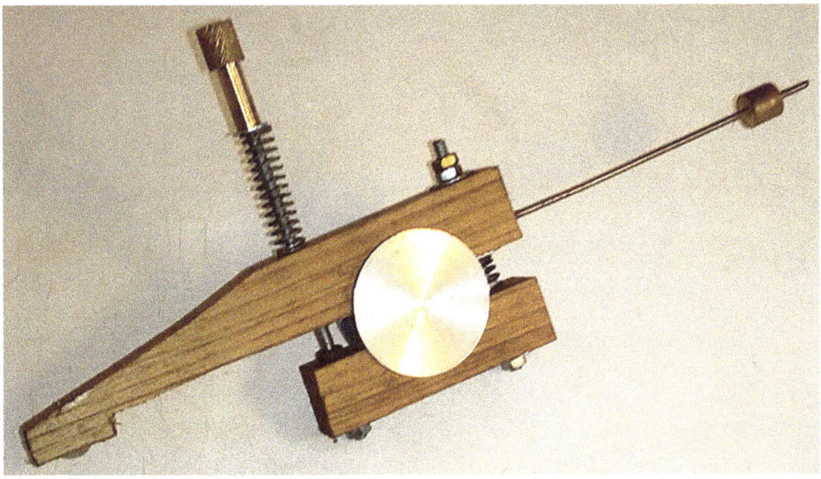

Frein.

Cette mâchoire est reliée à un bras de longueur connue, le bout de ce bras repose sur une mini balance de mesure. Le petit contre poids à l'arrière du levier a pour but de régler le couple à vide.

Système de mesure avec frein de Prony.

Système de mesure par inertie et enregistrement de données.

Connaissant l'effort à bout de bras et la vitesse, on obtient aisément la puissance. L'inconvénient de cette méthode oblige de faire des mesures à différentes vitesses afin d'établir la courbe de puissance en fonction de la vitesse.

J'utilise depuis longtemps une méthode qui, en une seule mesure, donne la courbe de puissance en fonction de la vitesse. Pour cela j'utilise un boîtier d'acquisition de données PICO (publicité gratuite) type ADC 10 capable d'acquérir très vite de nombreuses données et un petit dispositif opto électronique bricolé. Ces données permettent d'obtenir le temps par tour et, par calcul, de déterminer l'accélération angulaire et connaissant l'inertie du volant, le couple puis la vitesse donc la puissance.

Pour faire une mesure il faut dans un premier temps faire chauffer le moteur puis le freiner manuellement jusque au très basses vitesses déclencher la mesure et cesser de freiner le moteur ; en une seule prise on obtient la courbe de puissance.

Suite à une controverse avec un modéliste Autrichien Peter Beier j'ai testé un même moteur avec les deux systèmes : frein de Prony et mon système Pico, l'écart constaté était inférieur à 3%, le système Prony ayant l'avantage de donner la courbe de puissance en fonction de la vitesse.

Je suis à la disposition des modélistes intéressés pour leur communiquer plus d'informations sur ce sujet (voir mes coordonnées à la page 52).

Quelques Réalisations

*Moteur 3 cylindres à bas écart de température
capable de démarrer seul sans aide*

Pappy Tchoutchou

L'idée initiale est de Klaus Koch, modéliste Allemand très fécond en réalisations de moteurs Stirling et de machines à vapeur :

plus de 200 réalisations. Il avait construit des modèles artistiques à partir de ce concept.

Ce dessin m'a inspiré, je me suis mis au dessin et j'ai accouché de mon *Pappy Tchou-tchou.* Il doit son nom à mes petits enfants, à qui j'avais montré le premier modèle. Le soir, voulant expliquer à leur père ma réalisation dans leur langage succinct, ils disaient "Papy... tchou tchou".

Pappy Tchou tchou

Moteur Rossy du nom de l'inventeur de l'embiellage il est équipé d'un dispositif de réglage de vitesse

Moteur Zenligne dit "pince doigts"

Zenverre normal

Zenverre balancier

Zenverre ALPHA

Shadock il pompait...

Moteur Simplet refroidi à l'eau ; embiellage très similaire à celui de Rossy

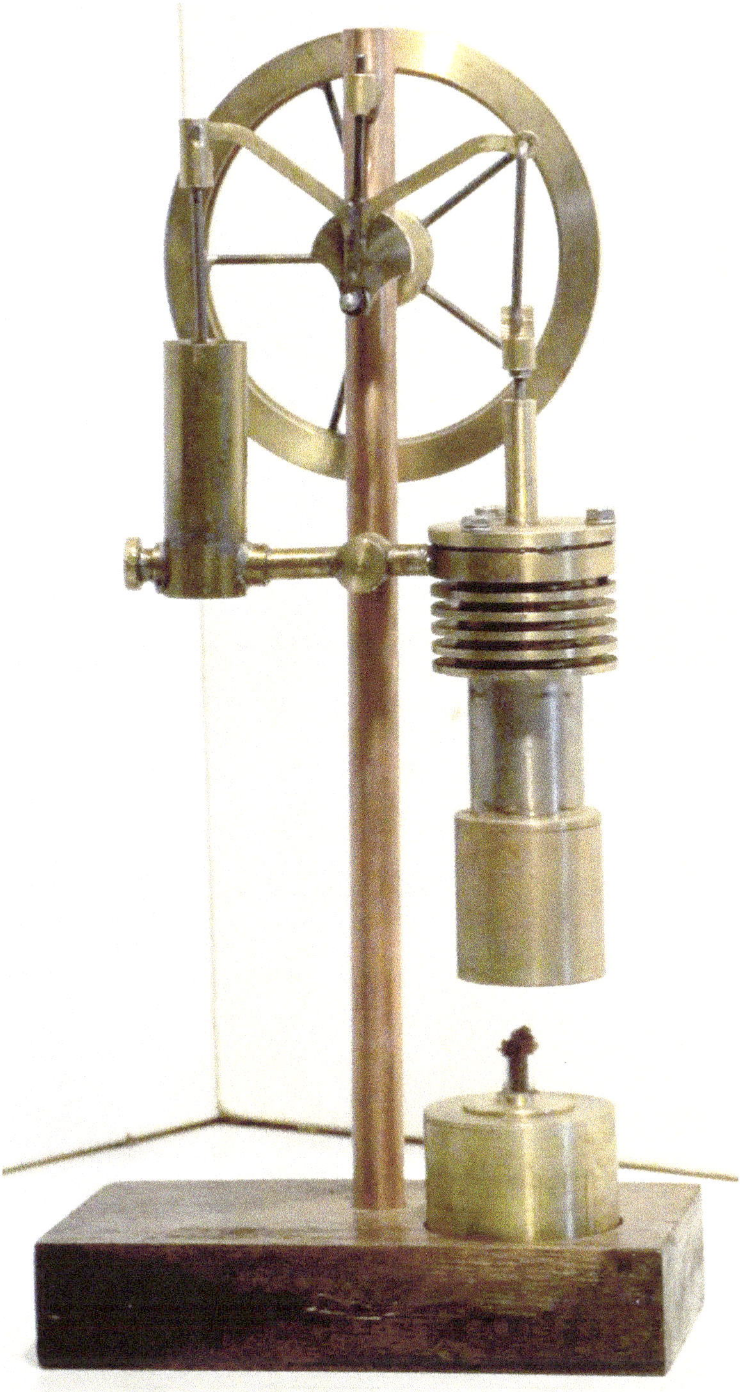

Moteur Klaus vertical

Moteur Alpha très rapide

Moteur moyenne température

Moteur kit d'Opitec

Maquettes et semi maquettes

Maquette du moteur Robinson produit en Angleterre qui eut un grand succès.

Semi maquette du moteur objet du brevet de 1816.

Réalisation de pure fiction, de telles machines n'ayant jamais existé.

Locomobile.

Les moteurs bi-cylindre

Petit bi.

Moyen bi.

Gros moteurs

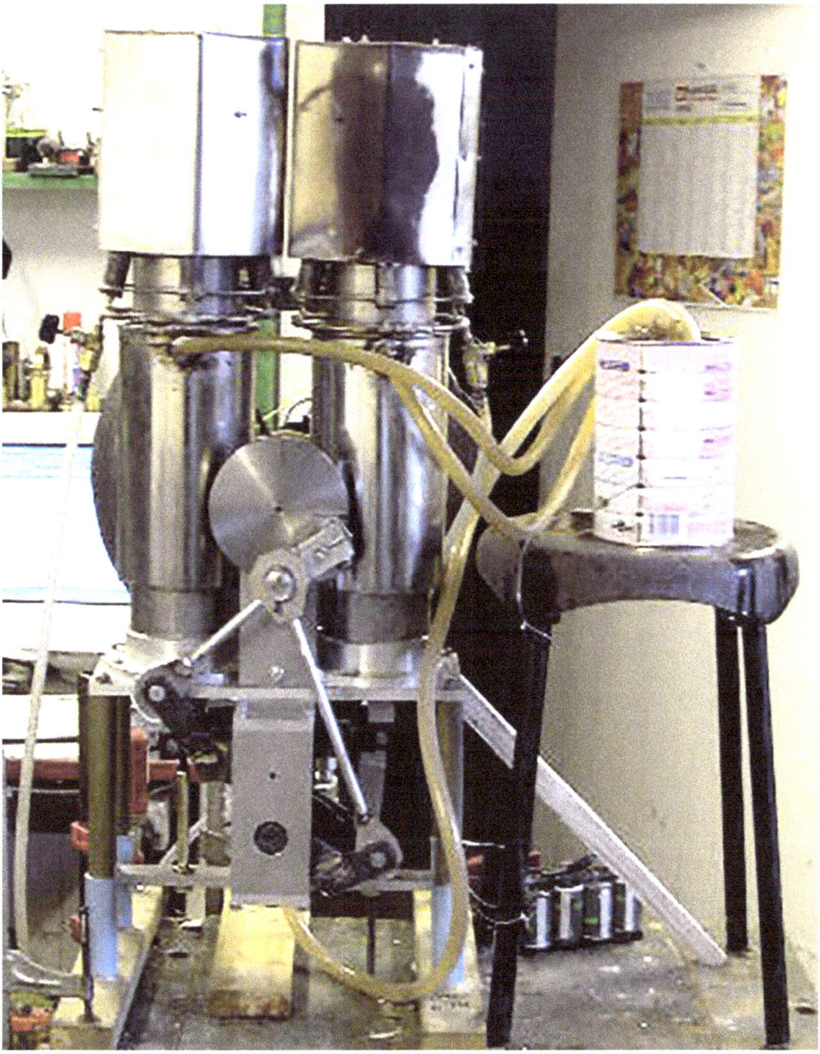

Mon plus gros moteur non pressurisé

Cylindrée 1200 cm^3 150 à 180 watts en un mot : une bête

Moteur Rhombic 160 en cours de développement

Moteur Rhombic 160 en cours de développement

Le dernier de la série...

C'est un moteur gamma de grosse taille,75 cm³, créé afin de vérifier quelques hypothèses.

À l'origine c'est un moteur similaire au moteur Rossy mais à échelle 2.6.
Il est équipé du frein de prony qui a permis de mesurer sa puissance.

Conclusion

Ce document n'avait pas pour but d'explorer tous les types de moteurs à air chaud qui existent ; je me suis passionné surtout pour les moteurs de type BETA et ALPHA qui présentent des caractéristiques intéressantes pour la réalisation de machines plus puissantes.

Je l'ai écrit pour aider des amateurs qui comme moi cherchent à réaliser des moteurs de puissance significative, sachant que nous ne pouvons égaler les réalisations industrielles dont les pressions internes atteignent des dizaines de bars.

Pour ceux qui réalisent une machine en partant de plans de collègues, je conseille vivement de réaliser exactement les plans fournis puis, lorsque la machine fonctionnera, d'apporter des améliorations. J'ai trop souvent vu des amateurs se plaindre du mauvais fonctionnement de leur réalisation, oubliant qu'ils avaient procédé à des "innovations" qui se sont révélées préjudiciables au bon fonctionnement.

Pour ceux qui comme moi cherchent à créer de nouvelles formules, le chemin est souvent long, difficile et ingrat. À titre d'exemple, dans le cas du rhombic 160, je suis à la troisième version de la partie chaude, et celle-ci étant une version provisoire, il y aura une quatrième version qui sera, je l'espère, la dernière.

Il est nécessaire de bien définir son projet initial :

À quoi servira ce moteur ?
Quelle sera sa puissance ?
Quelle sera sa source d'énergie?

Il ne faut pas hésiter à consulter des collègues compétents qui on montré leur savoir dans différents domaines : tournage, fraisage, soudures et brasures, polissage etc...

Si je dois suggérer des modèles propices à l'augmentation de puissance j'en proposerais deux :

- un moteur rhombic comme le Rhombic 160 de 100 à 200 cm³ voire plus. Je suis en train de le mettre au point. Si ce moteur répond a mon concept initial, c'est lui qui fera l'objet de mon prochain ouvrage.
- un moteur avec swashplate 5 cylindres de 100 cm³, pressurisé ou non, que j'espère réaliser prochainement.

Je suis intéressé par tout contact avec des modélistes fanas de ce type de moteurs et ouvert à une collaboration réciproque, comme c'est le cas avec mon ami Jacky Blanchon.

Daniel Lyonnet
9 rue de la Mairie - 77167 Châtenoy
tel : 0164287905 / 0636770917
mail: danlyonnet@free.fr

Table des matières

1 – Bref rappel historique 9
2 – Le but de cet ouvrage 11
3 – Détermination de la puissance et les formules 12
4 – Organisation générale des différents moteurs Stirling .13
5 – Circulation du gaz..14
6 – Le déphasage 15
7 – Écart de températures 16
8 – La cylindrée et la pression...17
9 – Moteurs à circulation interne de gaz 19
10 – Les moteurs à circulation externe de gaz 19
11 – La régénération..22
12 – Le refroidissement 23
13 – La pressurisation...24
14 – L'étanchéité..25
15 – Dispositions constructives 26
Quelques réalisations...37
Conclusion...51

Sciences et Techniques anciennes

www.decoopman.com

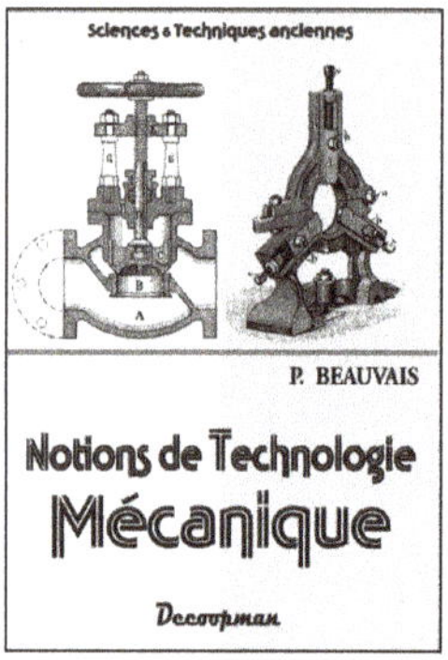

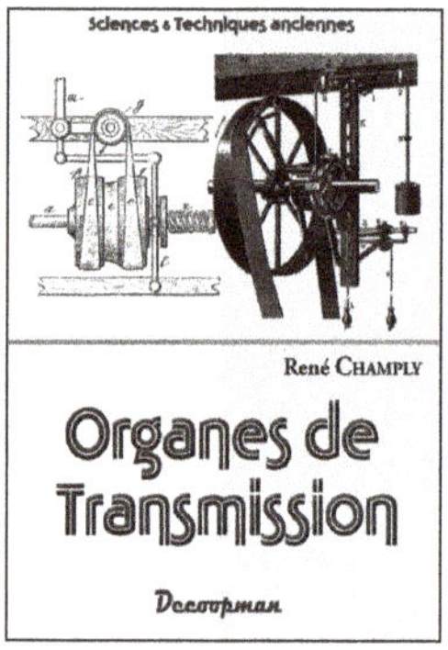

Éditions Decoopman - Ferrières - 30440 Saint-Laurent-le-Minier
Tel: +33 (0) 4.67.73.90.95 - web: www.decoopman.com - e.mail: editions@decoopman.com
Catalogue gratuit sur simple demande

Sciences et Techniques anciennes

www.decoopman.com

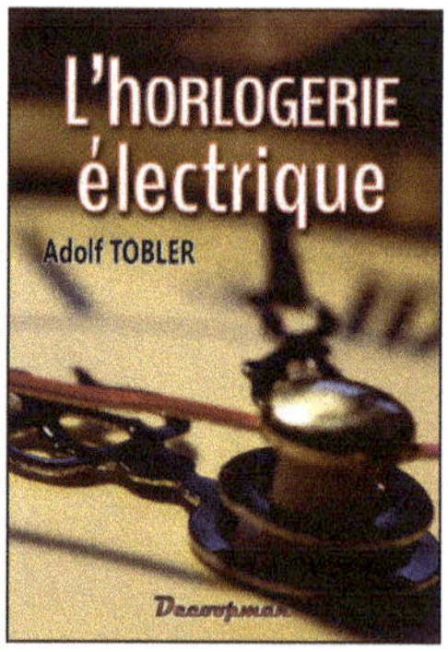

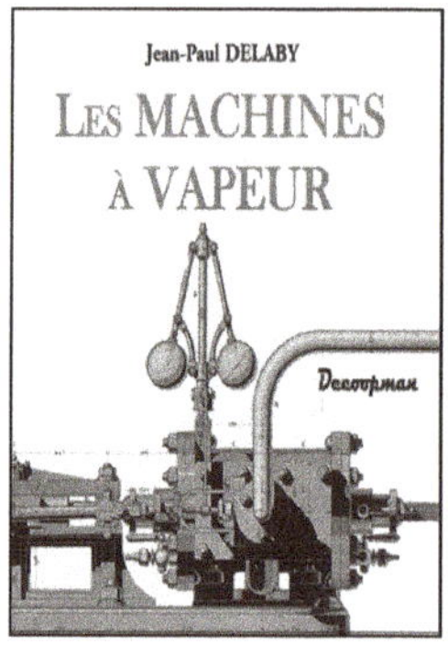

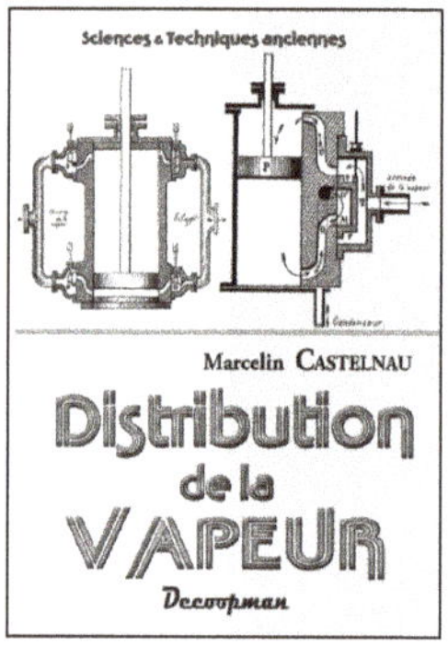

www.ingramcontent.com/pod-product-compliance
Lightning Source LLC
LaVergne TN
LVHW052139041026
849558LV00042B/554